MÉMOIRE

SUR LES EFFETS

DE LA TERREUR.

MÉMOIRE

QUI A REMPORTÉ LE PRIX

AU JUGEMENT DE L'ACADÉMIE

DES SCIENCES, ARTS ET BELLES-LETTRES DE CAEN,

Dans sa Séance publique du 3 Juillet 1811,

SUR LA QUESTION PROPOSÉE EN CES TERMES :

« *Quels sont les effets de la* TERREUR *sur l'économie animale* » ?

PAR M. GUITARD,

Docteur en médecine de la faculté de Paris, Médecin de bienfaisance du 3e. arrondissement de Bordeaux, Membre des Sociétés académique des sciences et de médecine-pratique de Paris, de l'Académie des sciences, arts et belles-lettres de Caen, de la Société libre des sciences et arts du département des Deux-Sèvres, des Sociétés de médecine de Montpellier, de Bordeaux, de Lyon, de Bruxelles, &c.

Obstupui, steteruntque comæ, vox faucibus hæsit.
(Virg. Æneid., lib. 11, vers. 772).

A BORDEAUX,

Chez Lawalle jeune, IMPRIMEUR - LIBRAIRE, ALLÉES DE TOURNY, N°. 20.

M. DCCC. XI.

A MR ROMAN,

Conseiller , Inspecteur - général de l'Université impériale , Chanoine de l'Église de Paris , Archiprétre de Sainte-Geneviève, etc. , etc.

———

OFFERT COMME UN TÉMOIGNAGE

DE MA VÉNÉRATION

POUR SES VERTUS,

DE MON ESTIME POUR SES TALENS,

DE MA GRATITUDE

POUR UN CORPS DONT IL ÉTAIT UN DES CHEFS (*)

ET QUI GUIDA MES PREMIERS PAS

DANS LA CARRIÈRE DES SCIENCES.

GUITARD.

(*) *L'Oratoire* , dont le zèle pour l'instruction de la jeunesse fut connu de tous ceux qui ont eu l'avantage d'être élevés dans son sein.

AVANT-PROPOS.

—

S'IL est vrai, comme l'a dit Buffon, que les passions sont la porte par laquelle il sort le plus d'individus de ce monde, *cela prouve la dépendance mutuelle et invincible qui existe entre le physique et le moral de l'homme, et combien la considération de l'un et de l'autre devient importante dans la pratique de la Médecine. En effet, les affections de l'ame, source de tant de jouissances, lorsqu'elles sont douces et modérées, produisent la plupart de nos maladies, si elles sont tumultueuses ou violentes, et si nous nous y abandonnons avec excès. J'ai déjà traité dans un Mémoire particulier (*) ce sujet digne d'être*

—

(*) Des passions considérées dans leurs rapports avec la Médecine, etc. (A Paris, chez Bossange, Masson et Besson, in-8°. , 1808).

médité non-seulement par les Médecins, mais par tout homme ami de sa propre conservation.

Je présente aujourd'hui au Public une partie de ce même travail, avec les développemens que je jugeai nécessaire d'y ajouter, pour répondre à l'appel fait par l'Académie de Caen qui, dans sa séance publique de l'année 1810, mit au concours la question suivante :

« Quels sont les effets de la terreur sur » l'économie animale » ?

Cette Société savante ayant couronné mon Mémoire, j'ai pensé que son suffrage le recommanderait à l'attention des hommes curieux de faire un retour sur eux-mêmes, pour contempler l'enchaînement et l'action réciproque du moral au physique dont nous devons conserver soigneusement l'harmonie, puisque sans elle il ne peut exister ni santé, ni bonheur

MÉMOIRE

SUR

LA QUESTION PROPOSÉE

EN CES TERMES :

« *Quels sont les effets de la* TERREUR *sur*
» *l'économie animale* » ?

—

L'HOMME ne vient que de naître, et déjà le plaisir et la douleur ont mis en jeu sa sensibilité ; son ame obéit à deux espèces de mouvemens, l'une qui la porte à chercher ce qui lui plaît, et l'autre à fuir ce qui lui cause de la peine. Dans le premier cas, le système nerveux s'épanouit, l'ame se dilate et tout l'organisme paraît s'élancer au devant de la sensation : dans le dernier, le système nerveux se resserre, ainsi que les organes auxquels il communique l'action et le sentiment, l'ame se concentre et semble se dérober au péril qui la menace. Les diverses fonctions de l'économie animale se ressentent de cet état moral, et partagent le bien-être ou le trouble que l'ame éprouve. Ainsi, les différentes affections ou passions aux-quelles nous sommes sujets, vues d'une manière générale, peuvent être considérées comme agréables ou pénibles, excitantes ou débilitantes, puisqu'elles causent du plaisir ou de la douleur, augmentent ou ralentissent l'activité organique.

Indépendamment de ces deux modes élémentaires de la sensibilité qui font naître en nous des émotions salutaires ou nuisibles, d'où dérivent nos *passions primitives* et *simples*, plusieurs affections de l'ame produisent alternativement, ou à la fois, des effets si contraires, qu'on peut les considérer comme *mixtes*, ayant une influence tantôt favorable, et tantôt funeste à l'harmonie des fonctions du corps humain, mais toujours relative à la constitution morale et physique, à l'âge, au sexe, etc., de chaque individu, au temps ou aux circonstances de leur développement, à la violence ou à la durée de leur action.

Parmi ces dernières affections nous comprenons *la terreur* dont nous allons chercher à déterminer les effets qu'elle peut produire sur l'économie animale.

La terreur naît de l'émotion excitée dans l'ame, à la vue d'un grand mal ou d'un grand péril qui a lieu instantanément, et nous frappe à l'improviste.

On exprime par les mots *peur*, *frayeur*, *effroi*, *terreur*, les différens degrés de cette vive et profonde affection de l'ame. En effet, si la vue du péril qui nous menace est vive et subite, elle cause la peur ; si elle est plus frappante et plus réfléchie, elle produit la frayeur ; si elle est subite et violente, c'est l'effroi ; si elle abat notre espérance, c'est la terreur. Ces états graduels de l'ame, plus ou moins troublée par la vue de quelque danger, ayant entre eux une grande analogie, et les phénomènes particuliers qu'ils produisent sur nos organes se confondant le plus souvent chez le même sujet, lorsqu'il est soumis un certain temps à l'impression de la terreur, nous allons les réunir dans la même description, les nuances qui les distinguent étant à peine perceptibles, tant ils se succèdent avec rapidité !

L'homme saisi d'une frayeur subite, frissonne par tous ses membres : les palpitations du cœur sont accélérées ; la contraction spasmodique des capillaires à la surface du corps donne lieu à la pâleur, et une distension soudaine du cœur et des gros vaisseaux, par le reflux du sang à l'intérieur, est suivie de suffocation et d'une interruption momentanée dans la respiration ; il survient fréquemment alors un tremblement involontaire dans tout le système locomoteur; bien plus, l'impression de cette passion peut être assez profonde pour que tous les muscles soient frappés d'une atonie générale : de-là, le relâchement des sphincters, l'expulsion involontaire des matières stercorales, des urines ; les jambes semblent se dérober sous le poids du corps. Si cette affection de l'ame est portée jusqu'à l'effroi ou terreur, les muscles se contractent, les cheveux se dressent, l'œil est fixe, la bouche béante, une sensation de froid parcourt tout le corps ; on tombe quelquefois sans sentiment et sans parole.

Cet exposé rapide des phénomènes les plus ordinaires, produits par la frayeur et la terreur, fait pressentir combien de désordres peuvent être la suite de ces vives affections : nous allons énumérer les principaux.

Le spasme général , que nous avons noté comme le premier effet produit par la frayeur, amène la suppression de la transpiration, dont le reflux sympatique sur l'appareil urinaire ou sur le canal intestinal, est suivi, dans le premier cas, d'urines abondantes et aqueuses , dans le second , d'une diarrhée subite, très-forte , et quelquefois opiniâtre ; *Tissot* en rapporte un exemple remarquable (1). Le sang , accumulé dans l'intérieur, engorge le poumon , gêne la respiration, surcharge le cœur et les gros vaisseaux, et de graves lésions se manifestent bientôt dans ces organes : le docteur *Corvisart* a vu un homme d'une forte constitution , chez qui une vive frayeur détermina la dyspnée , une toux sèche, et des palpitations qui étaient devenues de plus en plus fortes ; ces phénomènes se renouvelaient au moindre mouvement du malade, dont la figure était animée et injectée: les battemens du cœur étaient tumultueux et se faisaient avec une sorte de bruissement ; après sept mois de séjour à l'hôpital de la Charité, le malade mourut. On trouva le volume du cœur fort augmenté ; l'orifice du ventricule aortique

---

(1) Malad. des nerfs , tom. 2 , partie 1 , pag. 392.

était rétréci et formait une sorte de fente courbe, irrégulière, présentant des duretés et quelques aspérités osseuses ; la valvule mitrale était dure et comme ossifiée ; les aortiques étaient épaisses et recoquillées (1).

La peur est une des sources des anévrismes du cœur, et *Desault* avait observé que cette maladie se multipliait singulièrement en France sous le règne de la terreur. Dans les cas où cette affection de l'ame produit cet effet , elle agit en débilitant l'action du cœur dont les parois éprouvent une dilatation *passive*. Les humeurs étant refoulées par la frayeur de la circonférence au centre, il peut en résulter des déterminations du sang vers certaines parties : de là des pertes , l'avortement , des hémorragies , l'hémoptisie , l'apoplexie promptement mortelle.

Van Swieten dit avoir connu une femme grosse qui , félicitée par sa mère de n'avoir pas été éveillée par l'incendie d'une maison voisine de la sienne, commença bientôt à trembler par tout son corps et à se plaindre ; tout

_____

(1) Essai sur les maladies organiques du cœur , pag 45.

son lit fut en un instant inondé de sang : elle
eut ensuite des faiblesses et des convulsions :
elle se rétablit cependant de cette perte , mais
elle fit une fausse couche au terme de quatre
mois (1).

L'orage effraya tellement un matelot , qu'il
en tomba de peur , et son visage suait du sang,
qui, comme une sueur ordinaire , revenait à
mesure qu'on l'essuyait, pendant tout le temps
que dura l'orage (2).

Stalh avait vu une fille qui , menacée de
mort par des soldats, perdit tout son sang par
tous les pores de son corps , et fut promptement morte (3).

Quelquefois la frayeur produit un spasme
qui, se communiquant jusqu'aux parties in-
ternes , suspend les crises , trouble les sécré-
tions et les excrétions. Chez une nouvelle ac-
couchée les lochies furent supprimées par une
violente frayeur ; il se forma dans le ventre une
inflammation qui se termina par un abcès dont

---

(1) *Van Swieten* , tom. 4 , pag. 622.

(2) Journal encycl. , Janv. 1776 , pag. 155.

(3) *De Pathem.* , parag. 26.

il sortit plusieurs livres de pus (1). L'aménorrhée, la suppression du flux hémorroïdal ont
été fréquemment observées à la suite de la
frayeur et de la terreur (2). Le saisissement, déterminé par ces affections de l'ame, tarit quelquefois les sources du lait, et fait dégonfler les
mamelles d'une manière subite.

La région épigastrique étant le lieu où l'impression primitive des passions est le plus sensible (comme le prouvent le saisissement et
l'anxiété que nous y ressentons), l'estomac et
les divers organes qui concourent à la digestion
sont frappés d'atonie, et leurs fonctions languissent ou sont perverties , sur-tout durant
la frayeur et la terreur.

Van Helmont parle d'une fille qui fut si fort
effrayée par le tonnerre, qu'elle en perdit sur-
le-champ l'appétit; depuis lors elle ne pût prendre que quelques cuillerées d'eau tous les huit
jours (3). Les diarrhées opiniâtres en sont souvent résultées (4).

---

(1) *Van Swiet.,* tom. 4 , pag. 622.

(2) *Vid. Fabri de Hildan , Hoffmann ,* et autres observateurs.

(3) *Jus duumviratus ,* parag. 25 , *op.* , pag. 244.

(4) *Vide suprà, loco citato ,* pag. 13.

La terreur agit particulièrement sur l'organe biliaire, qui réagit ensuite sur la peau. *Tissot* a vu une femme qu'une frayeur sur l'eau rendit jaune en quelques minutes.

Un homme effrayé par la chute d'une galerie, sur laquelle il était, tomba dans un ictère si noir, qu'il ressemblait à un more (1).

L'érysipèle a été observé par *Sennert*, et les maladies cutanées n'ont jamais été si fréquentes que chez les peuples qui ont vécu sous la tyrannie, sur-tout, chez les individus les plus exposés par leurs richesses et leur naissance, à en ressentir les effets (2).

Le système lymphatique et glanduleux peut aussi ressentir l'impression funeste de cette passion : *Van Swieten* vit une femme très-saine, à qui une frayeur subite occasionna sur-le-champ une tumeur au sein, qui, quoique traitée d'abord par les meilleurs remèdes,

______

(1) Malad. des nerfs, tom. 2, part. I, pag. 395 et 396.

(2) Les passions tristes sont une des principales causes déterminantes des maladies cutanées par l'influence directe qu'elles ont sur la peau. (Obs. de médec.-prat., par Mr. Lordat, journ. génér. de médec., Mars 1805.

2

devint un squirre incurable (1). *Vater* a vu cette affection produire le même effet sur une des glandes bronchiales d'un jeune homme.

Les brusques assauts de cette passion bouleversent tout le système nerveux : on n'en sera pas surpris , si l'on réfléchit que la frayeur porte spécialement son impression directe sur la région de l'estomac , comme le prouve le resserrement qui s'y fait sentir , sur-tout au *cardia*. La réaction de cet organe sur le cerveau , ou sur une autre partie du système sensible , est donc suffisante pour déterminer l'épilepsie, la catalepsie (*tulpius*), l'hysterie, les convulsions, et autres maladies spasmodiques, dont les observateurs nous fournissent plusieurs exemples.

Au rapport de *Zacutus* , un enfant qui se baignait dans la mer , fut tellement effrayé d'un coup de canon que tira un vaisseau qui partait, qu'il mourut dans un quart d'heure d'une attaque d'épilepsie (2).

---

(1) *Van Swieten* , tom. 1 , parag. 127 , pag 190.

(2) *Praxis medio.*

Morgagni nous a transmis l'histoire d'un homme qui devint épileptique après avoir éprouvé une grande frayeur (1).

Haën a vu l'effroi produire un spasme très-fort de la machoire inférieure (2).

Lorsque l'impression que cause cette affection est très forte, il peut en résulter un tremblement de tout le corps : « *Vidi virum, qui in ætatis vigore dormiens , horrendo tonitûs fragore expergefactus , fulmine domum incensum esse credidit ; et posteà in talem tremorem totius corporis incidit , ut nullus omninò musculus voluntatis imperio mobilis ab illo immunis foret. Vixit in hoc statu per viginti annos, in reliquis sanus* (3) ». La paralysie a lieu quelquefois. Le professeur *Pinel* rapporte dans sa Médecine clinique (4) , qu'une femme tomba dans l'hémiplégie du côté droit, à la suite de convulsions produites par la frayeur. Les

---

(1) Epist. LXIV , art. 5.

(2) *Ratio medendi.*

(3) Van Swieten , tom. II , pag. 183.

(4) pag. 82.

défaillances, la syncope , sont aussi détermi-
nées par cette affection de l'ame qui affaiblit
alors directement le cœur.

Sauvages rapporte qu'il tomba une fois en
lypothimie, en voyant rouer un criminel (1).

Zimmermann vit un paysan robuste qui ,
effrayé de l'idée d'être pendu pour cause de vol,
tomba en syncope , et demeura vingt-quatre
heures comme mort. On a observé des fièvres
bilieuses dont l'invasion était décidée par la
terreur (2).

Tralles a connu une femme à qui la frayeur
que lui causa une chenille , en tombant sur
son cou, donna la fièvre tierce.

Les fièvres malignes règnent communément
dans les villes assiégées, et à la suite des trem-
blemens de terre (3).

Les fonctions intellectuelles sont fréquemment dérangées par une frayeur vive et subite :
aussi a-t-on vu survenir plusieurs fois les ver-

---

(1) *Nos. Meth.*, tom. 5 , pag. 362.

(2) *Finke.*, *de morbis biliosis.*

(3) *Telonius*, *de terræ motu.*

tiges , le délire , la mélancolie continuelle, la folie , la manie , l'imbécillité et autres désordres à la suite de cette affection , dont l'impression perturbatrice s'est propagée alors jusque dans le *sensorium.*

Pascal manqua d'être précipité dans la Seine, les chevaux qui traînaient sa voiture ayant pris le mors aux dents ; il en éprouva une frayeur si vive et si profonde , que depuis cet événement son imagination lui offrait sans cesse un précipice ouvert à son côté gauche, et il y faisait placer un siège pour se rassurer.

Un jeune homme ayant été attaqué par des voleurs , fut si effrayé , qu'il devint sur-le-champ maniaque (1).

Suivant *Tissot* (2), une paysanne robuste étant descendue par une corde dans une caverne assez profonde , pour y chercher un animal égaré , en ressortit folle, et n'a jamais été guérie.

Le même auteur parle de deux jeunes filles

---

(1) Observ. de médec. des hôpitaux militaires.

(2) Malad. des nerfs , tom. 2 , part. 1. , pag. 405.

qui restèrent dans une espèce d'imbécillité à la suite d'une frayeur causée par le tonnerre (1).

Enfin, la mort plus ou moins prompte a été le résultat de l'action excessivement débilitante de la frayeur et de la terreur : aussi observe-t-on souvent, dans les temps de peste, que les miasmes contagieux sont assez puissans pour faire tomber l'homme soumis à leur influence, comme s'il avait été frappé d'un coup de foudre (2).

« Voir mourir a suffi, dans les temps de
» peste, pour la propager d'un individu à un
» autre (3).

Diemerbroëck (4) rapporte qu'une jeune fille de vingt ans voyant un jeune homme attaqué de la peste, et pousser des cris horribles dans les transports d'une violente frénésie, fut elle-même aussitôt frappée de cette maladie.

---

(1) *Ut suprà*, pag. 399.

(2) Ces affections augmentent la disposition des vaisseaux absorbans à l'inhalation, et rendent ainsi plus susceptible d'être atteint par les maladies contagieuses.

(3) *Lachambre*, caractère des passions.

(4) *Tractatus copiosissimus de peste.*

Kerkring parle d'un homme à qui on avait annoncé la mort pour un jour fixé ; s'effrayant tous les jours davantage , il mourut enfin au jour fatal.

Plusieurs criminels sont morts en entendant prononcer leur arrêt de condamnation. *Montaigne* nous a conservé un fait très-remarquable de mort subite causée par la peur ; il s'exprime en ces termes : « Et au même siège (de » Saint-Paul) fut mémorable la peur qui serra, » saisit et glaça si fort le cœur d'un gentilhomme, » qu'il en tomba roide mort par terre à la brè- » che , sans aucune blessure (1) ».

Après avoir décrit les effets pernicieux de la terreur, il convient d'indiquer les circonstances , rares à la vérité , dans lesquelles cette violente affection de l'ame a été salutaire à l'homme , en déterminant, relativement à la santé, des révolutions aussi avantageuses que surprenantes.

Hildanus (2) rapporte qu'un goutteux, dont

____

(1) Liv. I , chap. XVII , de la peur.

(2) *Oper. omn.* , epist. XLVII, p. 993.

le caractère médisant lui avait fait beaucoup d'ennemis, fut arraché de son lit par un homme déguisé en spectre, qui le transporta sur ses épaules en lui faisant frapper les pieds, pris de la goutte, contre les degrés d'un escalier, et l'abandonna dans la cour de la maison. Le malade qui ne pouvait auparavant se tenir sur ses pieds, remonta en courant dans sa chambre, dont il ouvrit les croisées pour appeler du secours ; dès ce moment il fut délivré de sa goutte, et n'en eut plus aucune attaque.

Salmuth (1) cite l'observation d'un goutteux qui, ayant le pied couvert d'un cataplasme de navets pour calmer sa douleur, fut tellement effrayé par un *cochon* qui entra dans sa chambre et voulut manger le cataplasme, qu'il se mit à s'enfuir, et que les douleurs cessèrent à l'instant.

Suivant *Daignan* (2), un receveur de deniers publics, retenu depuis plus de trois mois dans son fauteuil, par un accès de goutte, ayant

---

(1) Cent, 1re, obs. 48, p. 52.

(2) Tableau de la vie humaine, second vol., p. 193.

appris qu'il devait être arrêté le lendemain pour avoir dissipé les fonds qui lui étaient confiés, fut si effrayé de l'avertissement, que, quoique ce fut dans le mois de Janvier, il s'entortilla les pieds de serviettes, s'arma d'un bâton, se mit en route malgré les glaces et la rigueur de la saison, et qu'enfin, arrivé dans un lieu qui le mettait en sureté, il se coucha et fut depuis ce temps exempt des retours de sa maladie. Dans ces cas, la terreur paraît avoir agi en rompant la chaîne des accès de la goutte, dont un des principaux caractères est de se reproduire avec une espèce de périodicité. C'est d'après le même principe qu'on peut se rendre raison de la cessation de certaines fièvres intermittentes, par l'effet de la même affection.

La guérison de plusieurs maniaques, par leur immersion dans l'eau de la mer, ne doit-elle pas être rapportée aux effets perturbateurs et salutaires produits, dans ce cas, par une frayeur subite et considérable, plutôt qu'à une prétendue spécificité de ces bains en pareille circonstance ?

Si l'ébranlement qu'éprouve le cerveau par

l'impression d'une grande terreur ; est , dans certains cas , assez violent pour avoir pu déterminer sur-le-champ la manie, l'épilepsie et la catalepsie ; par contre, il a guéri quelquefois ces mêmes affections : ainsi *Boerhaave* sut tirer un parti avantageux de cette passion, lorsque s'entourant adroitement d'un appareil de terreur , il arrêta , dans l'hôpital d'Harlem, des convulsions qui semblaient se propager par une espèce de contagion.

Lieutaud fit tirer un coup de fusil au pied du lit d'une épileptique, au moment où l'accès finissait ; elle fut pendant trois heures dans un état violent et dangéreux, mais elle se trouva guérie.

On a vu des douleurs de dents céder comme par enchantement au seul contact du redoutable davier. Certaines hernies ont été réduites avec facilité au moment où tous les instrumens étaient prêts pour opérer le malade , effrayé à la vue de l'appareil, et lorsque déjà toutes les tentatives pour en faire la réduction avaient été vainement essayées.

Qui ne voit dans tous ces cas les effets magiques produits par cette vive affection ? Ces prodiges dépendent de la modification que la sensibilité a reçue dans ces occurrences heureuses, mais souvent trop difficiles à apprécier pour qu'on puisse en déduire des règles qui servent à guider le Médecin dans des cas analogues. Le génie seul saura saisir l'instant où ce moyen perturbateur sera bon à employer sans compromettre la vie des malades; l'on ne doit jamais y avoir recours que lorsque les remèdes ordinaires auront été employés plusieurs fois inutilement.

Une forte commotion déterminée par la terreur, a fait cesser des états nerveux qui avaient résisté aux moyens employés souvent avec succès en pareil cas.

Le docteur *Petit*, de Lyon, rapporte, dans son Discours *sur l'influence de la révolution sur la santé publique*, qu'une jeune fille de dix-huit ans, tourmentée depuis long-temps par les pâles couleurs, était restée sujette à des palpitations de cœur qui devenaient insupportables au plus léger mouvement, et dont l'excès causait souvent la défaillance. Cette affection fut combattue sans succès, et cette jeune personne, abandonnée de l'art, vivait en se confiant à la nature , lorsque , dans la terrible journée du 29 Mai 1793 , traversant le quai du Rhône , elle se trouva exposée au feu de deux colonnes ennemies ; une allée dans laquelle elle se précipita la garantit du danger , mais ne put la sauver de cette terreur profonde qu'elle dut éprouver pendant une heure que dura le combat. Dans une position aussi cruelle pour son état , elle ne tomba point en défaillance , mais elle ressentit dans toute la poitrine une chaleur brûlante qui fut suivie d'un vomissement abondant de matières glaireuses. Transportée chez elle , elle eut un mouvement de fièvre qui dura trois jours, finit par des sueurs copieuses , et laissa la malade complétement délivrée de ses palpitations et de toutes ses autres incommodités (1).

Le même Médecin a recueilli le fait suivant : Une femme, âgée de cinquante ans, atteinte d'une hydropisie générale , vit son enflure disparaître tout-à-coup, le premier jour du bombardement de Lyon ; on crût cette malade perdue , mais bientôt les forces, que la terreur

____

(1) Médecine du cœur , pag. 125.

avait concentrées dans l'intérieur des organes, se déployèrent avec rapidité, la fièvre s'établit, et sous son influence heureuse, les vaisseaux absorbans ayant repris leur ton naturel, une diarrhée salutaire, un flux abondant d'urines évacuèrent tout le liquide épanché.

On prétend que des muets de naissance ont recouvré la parole dans des momens de terreur. Au rapport d'*Hérodote* (1), *Cresus*, roi de Perse, se trouvant à la prise de Sardes, allait être tué par un de ses soldats qui le prenait pour un général ennemi, lorsque son fils, muet de naissance, frappé du danger que courait son père, s'écria : *Soldat, c'est le roi Cresus !* et il conserva depuis la faculté de pouvoir parler librement.

Suivant *Pausanias* (2), un jeune homme fut si effrayé à la vue d'un *lion*, qu'il en recouvra la parole.

Tulpius et *Diemerbroëck* ont vu une para-

___

(1) *Lib.* I, *cap.* 85.

(2) *Lib.* X.

lysie invétérée guérie par la frayeur du tonnerre.

Nous terminerons ce que nous avons à dire
sur la terreur, en observant qu'elle peut produire des effets absolument différens sur le
même individu , suivant son idiosyncrasie, sa
disposition à l'instant où il est affecté, et enfin,
la situation physiologique où se trouve la sensibilité de certaines parties. Ainsi , un sentiment de terreur, après avoir anéanti en quelque sorte toutes les facultés , a paru un instant après faire cesser cet état de stupeur, et
redonner de l'activité à des organes qui étaient
comme paralysés ; le fait suivant en offre un
exemple :

L'empereur *Téophile* fut tellement frappé de
terreur dans une bataille qu'il perdit contre les
Agarênes, qu'il resta sans forces et immobile
sur la place, quoiqu'il eut la meilleure volonté
de se sauver, et la même cause morale qui lui
avait ôté l'usage de ses forces les lui rendit
lorsque *Manuel*, un des principaux chefs de son
armée, l'ayant secoué inutilement, pour le re-
tirer de cet état d'anéantissement , parvint à
lui faire prendre la fuite en menaçant de le tuer.

D'après l'exposé des phénomènes et des effets que produit le plus fréquemment la terreur, nous pouvons conclure que sa principale action porte sur le centre phrénique, et de là, sur tout le système nerveux ; c'est par ce mécanisme qu'elle détermine une secousse le plus souvent funeste, mais cependant quelquefois salutaire, selon que l'économie animale réagit, plus ou moins puissamment contre cette vive et profonde affection de l'ame.

FIN.